总体国家安全观普及丛书

GUOJIA SHUJU ANQUAN ZHISHI BAIWEN

国家数据安全知识

本书编写组

人民出版社

前　言

习近平总书记提出的总体国家安全观立意高远、思想深刻、内涵丰富，既见之于习近平总书记关于国家安全的一系列重要论述，也体现在党的十八大以来国家安全领域的具体实践。总体国家安全观所指的国家安全涉及领域十分宽广，集政治、国土、军事、经济等多个领域安全于一体，但又不限于此，会随着时代变化而不断发展，是一种名副其实的“大安全”。党的二十大报告指出，必须坚定不移贯彻总体国家安全观，把维护国家安全贯穿党和国家工作各方面全过程，确保国家安全和社会稳定。为推动学习贯彻总体国家安全观走深走实，引导广大公民增强国家安全意识，在第八个全民国家安全教育日到来之际，中央有关部门在组织编写科技、文化、金融、生物、生态、核等重点领域国家安全普及读本基础上，又组织编写了一批国家安全普及读本，涵盖海外利益安全、人工智能安全和数据安全3个领域。

读本采取知识普及与重点讲解相结合的形式，内容准确权威、简明扼要、务实管用。读本始终聚焦总体国家安全观，准确把握党中央最新精神，全面反映国家安全形势新变化，紧贴国家安全工作实际，并兼顾实用性与可读性，配插了图片、图示和视频二维码，对于普及总体国家安全观和提高公民“大安全”意识，很有帮助。

总体国家安全观普及读本编委会

2023年4月

目录 CONTENTS

篇一

★ 深刻全面理解数据安全 ★

篇二

★ 建立数据安全治理体系 ★

篇 三

★ 维护重点领域数据安全 ★

篇 四

★ 提高数据安全治理能力 ★

篇一

深刻全面理解数据安全

什么是数据？

数据，是指任何以电子或者其他方式对信息的记录。数据的本质是对信息的记录，记录的载体包括纸张、胶片、光盘、磁盘等。数据具有泛在性、流动性、可复制性，是新型生产要素，是国家基础性战略资源，深刻影响政治经济社会发展。

如何认识数据和信息的关系？

信息，指人们对客观世界各种事物特征的反映，可以分成语法信息、语义信息和语用信息三个基本层次，分别反映事物运动状态及其变化方式的外在形式、内在含义和效用价值等。一般认为，数据是信息的载体，信息是数据的内容。因此可以说，数据承载着人类活动形成的信息，构成社会空间的数字镜像。

什么是个人信息？

个人信息是以电子或者其他方式记录的与已识别或者可识别的自然人有关的各种信息，不包括匿名化处理后的信息。个人信息包括但不限于自然人的姓名、出生日期、身份证件号码、个人生物识别信息、住址、电话号码等。

个人信息是特别重要的一种数据。达到一定精度和规模的个人信息，要按照数据分类分级管理要求，纳入核心数据目录或重要数据目录进行重点保护。

相关知识 什么是敏感个人信息？

敏感个人信息是一旦泄露或者非法使用，容易导致自然人的人格尊严受到侵害或者人身、财产安全受到危害的个人信息，包括生物识别、宗教信仰、特定身份、医疗健康、金融账户、行踪轨迹等信息，以及不满十四周岁未成年人的个人信息。敏感个人信息与自然人的人格尊严及人身、财产安全密切相关，对敏感个人信息实施更为严格的保护已成为全球共识。《中华人民共和国个人信息保护法》明确规定，只有在具有特定的目的和充分的必要性，并采取严格保护措施的情形下，个人信息处理者方可处理敏感个人信息。

什么是数据要素？

数据要素一般是指在生产经营活动中可以作为资源投入使用，能创造经济价值的数据集合。并非所有数据都能称为数据要素，只有经过加工治理，能够通过市场流通、可供投入使用的数据，才能进入社会生产过程，成为促进经济发展的生产要素，这一过程被称为数据要素化。与土地、劳动力、资本和技术等生产要素相比，数据要素具有非稀缺性、非排他性、形态多样、涉及个人隐私和安全等特征，是数字经济阶段全新的、关键的生产要素，贯穿于数字经济发展的全过程。

延伸阅读 为什么数据能够成为新型生产要素?

生产要素是随着人类社会发展而不断变化的。从一定意义上说，生产要素反映着人类社会不同发展阶段的生产力水平。新世纪以来，互联网、大数据、云计算、人工智能、区块链等技术加速创新，数字技术、数字经济是世界科技革命和产业变革的先机，是新一轮国际竞争重点领域。数据的规模爆发式增长，不仅在数字经济发展中的地位和作用凸显，而且对传统生产方式变革具有重大影响，催生新产业新业态新模式，成为驱动经济社会发展的关键生产要素。

什么是数据安全?

数据安全，是指通过采取必要措施，确保数据处于有效保护和合法利用的状态，以及具备保障持续安全状态的能力。数据安全的内涵可从两个方面来认识：一是保护数据的完整性、保密性、可用性；二是保护数据承载的国家安全、公共利益或者个人、组织合法权益，比如个人信息保护、涉及国家经济社会发展的重要数据安全保护以及数据出境场景下的国家安全、社会公共利益等安全保障。

如何认识数据安全与网络安全的关系?

数据安全和网络安全都是总体国家安全观的重要领域。网络安全，是指通过采取必要措施，防范对网络的攻击、侵入、干扰、破坏和非法使用以及意外事故，使网络处于稳定可靠运行的状态，以及保障网络数据的完整性、保密性、可用性的能力。从对象来看，除网络数据外，纸质档案数据及其他非电子形式对信息的记录也属于数据安全管理范畴。从目标来看，网络安全侧重于保护数据存储、处理、传输等载体，偏向过程导向，实现对网络数据完整性、机密性、可用性保护；数据安全侧重于数据全生命周期安全保护和开发利用安全，偏向结果导向。

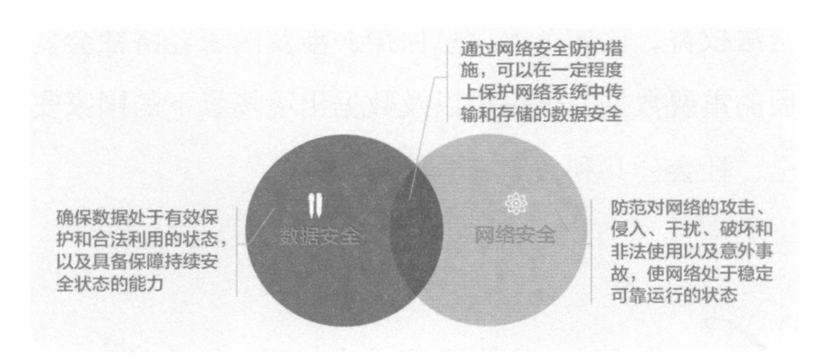

相关知识　什么是网络数据？

网络数据，是指通过网络收集、存储、传输、处理和产生的各种电子数据，是常用的数据类型之一。

如何认识数据安全与个人信息保护的关系？

从保护对象来看，个人信息作为特别重要的一种数据，数据安全涵盖个人信息安全。从管理目标来看，个人信息保护侧重于保护个人知情权、决定权、查阅权、删除权等主体权益；数据安全侧重于确保个人信息、企业数据、政务数据等各类数据处于有效保护和合法利用的状态，保护个人、组织的合法权益，维护国家主权、安全和发展利益。

个人信息处理者既要遵守数据安全管理有关规定，还要遵守个人信息保护法的特别规定。个人信息达到一定精度和规模，符合重要数据、核心数据的判定条件时，应按照《中华人民共和国数据安全法》进行更严格的保护。

延伸阅读 国家互联网信息办公室对滴滴全球股份有限公司严重影响国家安全的数据处理活动作出行政处罚

2022年7月，为防范国家数据安全风险，维护国家安全，保障公共利益，网络安全审查办公室依据《中华人民共和国国家安全法》《中华人民共和国网络安全法》，按照《网络安全审查办法》对滴滴全球股份有限公司（以下简称滴滴公司）实施网络安全审查。经查明，滴滴公司共存在16项违法事实，涉及违法收集、过度收集、违法分析用户信息等8个方面，涉及手机截图、打车地址、精准位置等多类信息，涉及个人信息数据达亿级。网络安全审查还发现，滴滴公司存在严重影响国家安全的数据处理活动，其违法违规运营给国家关键信息基础设施安全和数据安全带来严重安全风险隐患。国家互联网信息办公室依法对滴滴公司处人民币80.26亿元罚款。

如何认识数据安全与保守国家秘密的关系？

国家秘密是关系国家安全和利益，依照法定程序确定，在一定时间内只限一定范围的人员知悉的事项。基于国家秘密数据的特殊性和重要性，开展涉及国家秘密的数据处理活动，适用《中华人民共和国保守国家秘密法》等法律、行政法规的规定。处理与国家情报工作有关的数据，还应遵守《中华人民共和国国家情报法》的规定。

相关知识 什么是国家秘密？

按照《中华人民共和国保守国家秘密法》有关规定，下列涉及国家安全和利益的事项，泄露后可能损害国家在政治、经济、国防、外交等领域的安全和利益的，应当确定为国家秘密：(一）国家事务重大决策中的秘密事项；(二）国防建设和武装力量活动中的秘密事项；(三）外交和外事活动中的秘密事项以及对外承担保密义务的秘密事项；（四）国民经济和社会发展中的秘密事项；（五）科学技术中的秘密事项；（六）维护国家安全活动和追查刑事犯罪中的秘密事项；（七）经国家保密行政管理部门确定的其他秘密事项。政党的秘密事项中符合前款规定的，属于国家秘密。

数据安全为何重要？

数据作为新型生产要素，是数字化、网络化、智能化的基础，已快速融入生产、分配、流通、消费和社会服务管理等各环节，深刻改变着生产方式、生活方式和社会治理方式。数据也是国家基础性战略资源，浩瀚的数据海洋就如同工业社会的石油资源，蕴含着巨大的生产力和商机。在数据对各领域重要性与日俱增的同时，数据风险与数据安全问题也愈发突出，给人类社会带来了前所未有的挑战。数据安全牵一发动全身，数据的保护与治理不仅关乎数据本身作为重要生产要素的开发利用与安全问题，而且与国家主权、国家安全、社会秩序、公共利益等休戚相关。尤其当前各类数据的拥有主体多样，处理活动复杂，安全风险加大，按照总体国家安全观的要求，切实做好数据安全保护十分必要。

延伸阅读　某境外咨询调查公司秘密搜集窃取航运数据案

国家安全机关工作中发现，某境外咨询调查公司通过网络、电话等方式，频繁联系我大型航运企业、代理服务公司的管理人员，以高额报酬聘请行业咨询专家之名，与我境内数十名人员建立“合作”，指使其广泛搜集提供我航运基础数据、特定船只载物信息等。办案人员进一步调查掌握，相关境外咨询调查公司与所在国家间谍情报机关关系密切，承接了大量情报搜集和分析业务，通过我境内人员所获的航运数据，都提供给该国间谍情报机关。为防范相关危害持续发生，国家安全机关及时对有关境内人员进行警示教育，并责令所在公司加强内部人员管理和数据安全保护措施。同时，依法对该境外咨询调查公司有关活动进行了查处。

如何在数据安全领域践行总体国家安全观？

总体国家安全观是习近平新时代中国特色社会主义思想的重要组成部分，是新时代国家安全工作的根本遵循和行动指南。习近平总书记多次强调，必须坚定不移贯彻总体国家安全观，把维护国家安全贯穿党和国家工作各方面全过程，确保国家安全和社会稳定。总体国家安全观强调“大安全”理念，涵盖政治、军事、国土、经济、金融、文化、社会、科技、网络、粮食、生态、资源、核、海外利益、太空、深海、极地、生物、人工智能、数据等诸多领域。维护数据安全，应当坚持总体国家安全观，建立健全数据安全治理体系，提升国家数据安全保障能力，有效应对数据这一非传统领域的国家安全风险与挑战，切实维护国家主权、安全和发展利益。

中共中央宣传部　中央国家安全委员会办公室发布通知组织学习《总体国家安全观学习纲要》

党中央对数据安全的重要论述主要有哪些？

党中央高度重视数据安全保护工作，从时代发展大势和国际国内大局出发，对数据安全作出一系列重要决策和部署，为做好数据安全工作标定了前进路径，擘画了清晰未来。2017 年，习近平总书记在十九届中央政治局第二次集体学习时强调，推动实施国家大数据战略，加快完善数字基础设施，推进数据资源整合和开放共享，保障数据安全，加快建设数字中国，更好服务我国经济社会发展和人民生活改善。强调要切实保障国家数据安全。要加强关键信息基础设施安全保护，强化国家关键数据资源保护能力，增强数据安全预警和溯源能力。要加强政策、监管、法律的统筹协调，加快法规制度建设。

2022年，习近平总书记在主持中央全面深化改革委员会第二十六次会议时强调，要维护国家数据安全，保护个人信息和商业秘密，促进数据高效流通使用、赋能实体经济。会议指出，要把安全贯穿数据治理全过程，守住安全底线，明确监管红线，加强重点领域执法司法，把必须管住的坚决管到位。

党的二十大报告立足中华民族伟大复兴战略全局和世界百年未有之大变局，统筹发展和安全，首次设专章论述“推进国家安全体系和能力现代化，坚决维护国家安全和社会稳定”，要求坚定不移贯彻总体国家安全观，以新安全格局保障新发展格局，强化经济、重大基础设施、金融、网络、数据等安全保障体系建设，加强重点领域安全能力，构建全域联动、立体高效的国家安全防护体系。

如何理解数据安全与数字中国建设之间的关系？

建设数字中国是数字时代推进中国式现代化的重要引擎，是构筑国家竞争新优势的有力支撑。加快数字中国建设，对全面建设社会主义现代化国家、全面推进中华民族伟大复兴具有重要意义和深远影响。为更好支撑数字中国建设，应统筹发展和安全，强化系统观念和底线思维，强化数字中国关键能力。深入实施《中华人民共和国数据安全法》《中华人民共和国网络安全法》《中华人民共和国个人信息保护法》《关键信息基础设施安全保护条例》等法律法规，有效防范化解各类风险挑战。增强数据安全保障能力，建立数据分类分级保护基础制度，健全网络数据监测预警和应急处置工作体系，筑牢可信可控的数字安全屏障。

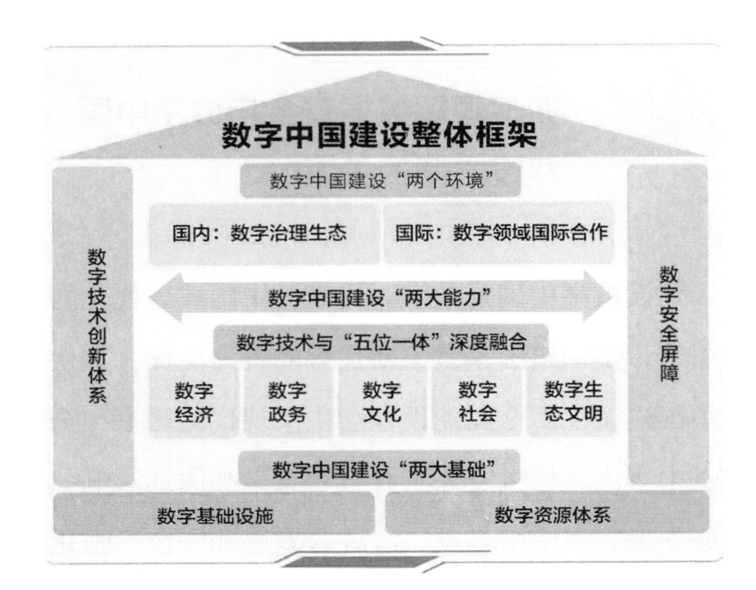

延伸阅读 组建国家数据局

2023年3月，中共中央、国务院印发了《党和国家机构改革方案》，组建国家数据局。负责协调推进数据基础制度建设，统筹数据资源整合共享和开发利用，统筹推进数字中国、数字经济、数字社会规划和建设等，由国家发展和改革委员会管理。将中央网络安全和信息化委员会办公室承担的研究拟订数字中国建设方案、协调推动公共服务和社会治理信息化、协调促进智慧城市建设、协调国家重要信息资源开发利用与共享、推动信息资源跨行业跨部门互联互通等职责，国家发展和改革委员会承担的统筹推进数字经济发展、组织实施国家大数据战略、推进数据要素基础制度建设、推进数字基础设施布局建设等职责划入国家数据局。省级政府数据管理机构结合实际组建。

数字十年：从11万亿到超45万亿，这是生机勃勃的数字中国

13 如何认识当前我国数据安全总体形势？

当前，世界百年未有之大变局加速演进，国际和国内数据安全形势严峻。从国际看，数据安全保障能力是国家竞争力的直接体现，数据掌握多寡和利用水平高低成为衡量国家软实力和竞争力的重要标准，各

国竞相强化数据资源管控，在数据安全领域展开战略博弈。从国内看，数据窃取滥用、隐私泄露等数据安全问题日益突出，企业数据安全意识和保护能力短板凸显。为应对数据安全的多层次、立体化挑战，党中央高度重视数据安全工作，作出一系列重要部署。我国加速制定实施数据安全顶层立法，初步构筑起数据安全监管体系，大力促进数据安全技术创新和产业发展，为促进数据要素流动奠定了安全基石。

延伸阅读　数据安全问题依然严峻复杂

在数据时代，通过利用漏洞、绕过防护等手段侵入企业或组织的内部网络，实现数据窃取或破坏的安全事件时有发生，新的攻击和外部数据安全威胁层出不穷。数据安全问题严峻复杂，主要集中在以下六个方面。一是非法贩卖数据已成为灰色地带，个人信息被倒卖，给个人人身、财产、生命安全带来了较大危害。二是数据作为国家重要的生产要素和战略资源，其日益频繁的跨境流动带来了国家安全隐患。三是金融、能源、医疗生物等高价值特殊敏感数据泄露风险正在加剧。四是国家行为、有政治背景的境外黑客组织逐渐加大对我国关键信息基础设施攻击力度，试图获取重要数据。五是人工智能、生命科学等新技术的快速发展和广泛应用，加剧了隐私暴露、数据泄露的风险。六是数据成为互联网平台企业发展和盈利的核心引擎，由此也引发了个人信息滥采滥用程度加重、数据垄断乱象频发的数据安全风险。

篇二

建立数据安全治理体系

我国数据安全法律体系是如何发展的？

党中央高度重视数据安全，提出加快法律法规制度建设、切实保障国家数据安全等明确要求。2015年7月，《中华人民共和国国家安全法》通过并施行，第二十五条规定："国家建设网络与信息安全保障体系，提升网络与信息安全保护能力，加强网络和信息技术的创新研究和开发应用，实现网络和信息核心技术、关键基础设施和重要领域信息系统及数据的安全可控"，率先提出要实现数据的安全可控，强调了数据安全是国家安全的重要组成部分。2016年11月，《中华人民共和国网络安全法》审议出台，从网络安全视角，明确了网络数据的安全保护要求。2021年6月，《中华人民共和国数据安全法》审议出台，全面、系统规定了数据安全保护的关键制度机制和核心要求，明确了相关主体的数据安全保护义务，是我国数据安全领域的基础性法律，也是国家安全领域的一部重要法律，标志着我国数据安全法律框架初步建立。2021 年 8 月，《中华人民共和国个人信息保护法》审议出台，进一步明确了个人信息保护的具体要求。《中共中央　国务院关于构建数据基础制度更好发挥数据要素作用的意见》《数据出境安全评估办法》《个人信息出境标准合同办法》等政策法规的出台，对数据流通使用、数据出境等重点问题进行了规范与指导；地方政府在公共数据开放、政务数据共享等方面作出了积极探索。目前，我国基本构建起数据安全法律体系，数据安全法律制度建设日趋完善。

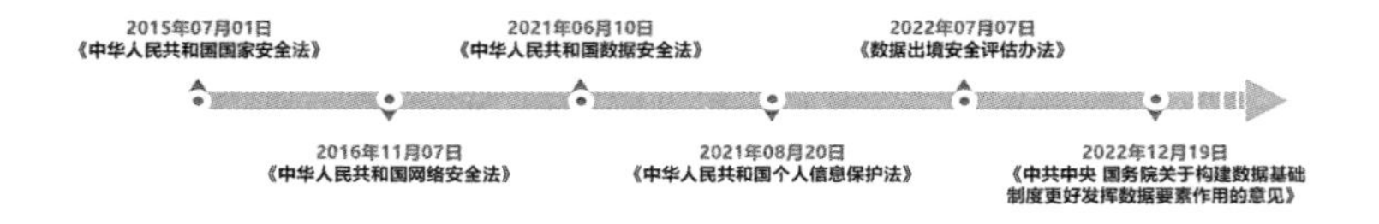

数据安全法律体系发布时间轴

15 《中华人民共和国数据安全法》出台的背景和总体考虑有哪些？

各类数据迅猛增长、海量聚集，对经济发展、社会治理、人民生活都产生了重大而深刻的影响。数据安全已成为事关国家安全与经济社会发展的重大问题，制定一部数据安全领域的基础性法律十分必要：一是数据是国家基础性战略资源，数据安全是国家安全的重要组成部分，应当按照总体国家安全观的要求，通过立法加强数据安全保护，提升国家数据安全保障能力，切实维护国家主权、安全和发展利益；二是当前各类数据的拥有主体多样，处理活动复杂，安全风险加大，必须通过立法建立健全各项制度措施，切实加强数据安全保护，维护公民、组织的合法权益；三是发挥数据的基础资源作用和创新引擎作用，更好服务我国经济社会发展，必须通过立法规范数据活动，以安全保发展、以发展促安全；四是为适应电子政务发展的需要，提升政府决策、管理、服务的科学性和效率，应当通过立法明确政务数据安全管理制度和开放利用规则。

《中华人民共和国数据安全法》经全国人大常委会表决通过

16 《中华人民共和国数据安全法》规范对象包括哪些方面?

《中华人民共和国数据安全法》明确在中华人民共和国境内开展数据处理活动及其安全监管，适用本法。从规范主体来看，涵盖所有数据处理者，无论是个人、企业、行业组织还是国家机关，只要在我国境内开展数据处理活动，均须遵守相关法律规定。从规范活动来看，既包括数据处理活动本身，也包括对数据处理活动的安全监管，其中，数据处理活动涵盖了数据生命周期的全流程，包括数据的收集、存储、使用、加工、传输、提供、公开等。同时，法律规定了必要的域外适用效力，规定在中华人民共和国境外开展数据处理活动，损害中华人民共和国国家安全、公共利益或者公民、组织合法权益的，依法追究法律责任。

17 如何认识《中华人民共和国数据安全法》与《中华人民共和国个人信息保护法》的关系？

根据《中华人民共和国数据安全法》的规定，数据是对信息的记录。我国将个人信息作为特别重要的一种数据予以保护，相关主体开展涉及个人信息的数据处理活动，应当遵守《中华人民共和国数据安全法》的有关规定，履行数据安全保护义务。《中华人民共和国数据安全法》明确规定，开展涉及个人信息的数据处理活动，还应当遵守有关法律、行政法规的规定。相较于《中华人民共和国数据安全法》，《中华人民共和国个人信息保护法》对个人信息保护基本原则、处理规则、相关主体权利义务、个人信息跨境提供的规则、监管部门职责及法律责任等作出更为全面系统的规定。

《中华人民共和国个人信息保护法》表决通过

我国建立了怎样的数据安全工作体系框架?

我国数据安全工作坚持党中央集中统一领导，充分发挥各行业各领域主管部门作用，将数据安全监管与业务管理工作同谋划、同部署、同落实，建立健全与数据特点相适应的工作体系。中央国家安全领导机构负责国家数据安全工作的决策和议事协调，研究制定、指导实施国家数据安全战略和有关重大方针政策，统筹协调国家数据安全的重大事项和重要工作，建立国家数据安全工作协调机制。

什么是国家数据安全工作协调机制?

国家数据安全工作协调机制负责推动国家数据安全战略和有关重大方针政策落实落地，指导各地区各部门加强协作、配合，推进数据安全领域全局性、基础性、关键性工作，统筹协调有关部门制定国家重要和核心数据目录，加强数据分类分级保护，加强数据安全风险信息的获取、分析、研判、预警工作，组织实施国家数据安全审查。国家数据安全工作协调机制设立办公室，负责协调机制的日常工作。

我国数据安全管理职责分工是怎样的?

按照“谁管业务，谁管业务数据，谁管数据安全”的原则，各地区、各部门对本地区、本部门工作中收集和产生的数据及数据安全负责。工业、电信、交通、金融、自然资源、卫生健康、教育、科技等主管部门承担本行业、本领域数据安全监管职责。公安机关、国家安全机关等依照《中华人民共和国数据安全法》和有关法律、行政法规的规定，在各自职责范围内承担数据安全监管职责。国家网信部门依照《中华人民共和国数据安全法》和有关法律、行政法规的规定，负责统筹协调网络数据安全和相关监管工作。

《中华人民共和国数据安全法》主要从哪些方面提出完善我国数据安全治理体系的重点措施？

《中华人民共和国数据安全法》坚持统筹发展和安全原则，在政府监管的基础上，引入行业组织、科研机构、企业、个人等多元主体共同参与数据安全工作，从以下四个方面提出完善我国数据安全治理体系的重点措施：在宣传普及方面，国家支持开展数据安全知识宣传普及，提高全社会的数据安全保护意识和水平；在行业自律方面，相关行业组织按照章程，依法制定数据安全行为规范和团体标准，加强行业自律；在国际交流方面，国家积极开展数据安全治理、数据开发利用等领域的国际交流与合作，参与数据安全相关国际规则和标准的制定，促进数据跨境安全、自由流动；在社会监督方面，任何个人、组织都有权对违反本法规定的行为向有关主管部门投诉、举报，收到投诉、举报的部门应当及时依法处理。

《中华人民共和国数据安全法》明确了哪些数据安全管理制度机制？

为有效应对境内外数据安全风险，《中华人民共和国数据安全法》建立了六大国家数据安全制度机制：一是建立数据分类分级保护制度，确定重要数据目录，对列入目录的数据进行重点保护；二是建立集中统一、高效权威的数据安全风险评估、报告、信息共享、监测预警机制，加强数据安全风险信息的获取、分析、研判、预警工作；三是建立数据安全应急处置机制，有效应对和处置数据安全事件；四是建立数据安全审查制度，对影响或者可能影响国家安全的数据处理活动进行国家安全审查；五是建立数据出口管制制度，对与维护国家安全和利益、履行国际义务相关的属于管制物项的数据依法实施出口管制；六是建立数据对等反制机制，任何国家或者地区在与数据和数据开发利用技术等有关的投资、贸易等方面对我国采取歧视性的禁止、限制或者其他类似措施的，我国可以根据实际情况对该国家或者地区对等采取措施。

23 什么是国家数据分类分级保护制度？

国家建立数据分类分级保护制度，根据数据在经济社会发展中的重要程度，以及一旦遭到篡改、破坏、泄露或者非法获取、非法利用，对国家安全、公共利益或者个人、组织合法权益造成的危害程度，对数据实行分类分级保护。数据分为一般、重要、核心三级。

数据分类分级保护应遵循怎样的原则?

国家数据安全工作协调机制负责数据分类分级工作的总体统筹协调，各行业各领域主管部门和监管部门对本行业本领域的数据进行分类分级管理，制定本行业本领域数据分类分级标准规范，编制重要数据目录。分类方面，国家数据安全工作协调机制按照数据所属行业领域确定数据分类，各行业各领域主管部门和监管部门根据本行业本领域业务属性、地域特点等细化数据分类。分级方面，按照数据的精度、规模、安全风险等将数据分为一般、重要、核心三级，重要数据出境要遵守国家网信部门会同国务院有关部门制定的管理办法，核心数据在重要数据基础上实行更加严格的管理制度。

25 什么是重要数据和核心数据？

重要数据是指特定领域、特定群体、特定区域或达到一定精度和规模的数据，一旦被泄露或篡改、损毁，可能直接危害国家安全、经济运行、社会稳定、公共健康和安全。仅影响组织自身或公民个体的数据，一般不作为重要数据。

核心数据是指对领域、群体、区域具有较高覆盖度或达到较高精度、较大规模、一定深度的重要数据，一旦被非法使用或共享，可能直接影响政治安全。主要包括：关系国家安全重点领域的数据，关系国民经济命脉、重要民生和重大公共利益的数据，经评估确定的其他数据。

26 如何编制重要数据目录?

各行业各领域主管部门和监管部门制定本行业本领域数据分类分级标准规范。数据处理者根据数据的业务属性，按照业务所属行业领域的数据分类分级标准规范，及时识别并根据各行业各领域主管部门和监管部门要求报送重要数据目录。各地区、各部门应当按照业务所属行业领域的数据分类分级标准规范，审核并确定本地区、本部门以及相关行业、领域的重要数据目录，提出核心数据目录建议。国家数据安全工作协调机制汇总形成国家重要数据目录，并根据各地区、各部门的建议确定国家核心数据目录。

国家如何开展数据安全监测预警工作？

国家建立集中统一、高效权威的数据安全风险评估、报告、信息共享、监测预警机制。国家数据安全工作协调机制统筹协调有关部门加强数据安全风险信息的获取、分析、研判、预警工作。数据处理者开展数据处理活动应当加强风险监测，发现数据安全缺陷、漏洞等风险时，应当立即采取补救措施。各地区、各部门发现可能直接危害国家安全、经济运行、社会稳定、公共健康和安全的重大或特别重大的数据安全风险或事件，应按要求报送国家数据安全工作协调机制。

28 怎样认识数据安全应急处置机制？

国家建立数据安全应急处置机制。发生数据安全事件，有关主管部门应当依法启动应急预案，采取相应的应急处置措施，防止危害扩大，消除安全隐患，并及时向社会发布与公众有关的警示信息。在发生数据安全事件时，数据处理者应当立即采取处置措施，按照规定及时告知用户并向有关主管部门报告。

怎样认识数据安全审查制度？

为防范化解国家数据安全重大风险，维护国家主权、安全和发展利益，国家建立数据安全审查制度，对影响或者可能影响国家安全的数据处理活动进行国家安全审查。依法作出的安全审查决定为最终决定。

30 我国对属于管制物项的数据有哪些规定？

《中华人民共和国数据安全法》第二十五条规定："国家对与维护国家安全和利益、履行国际义务相关的属于管制物项的数据依法实施出口管制。"《中华人民共和国出口管制法》第二条规定："国家对两用物项、军品、核以及其他与维护国家安全和利益、履行防扩散等国际义务相关的货物、技术、服务等物项（以下统称管制物项）的出口管制，适用本法。"管制物项包括物项相关的技术资料等数据。出口管制是指国家对从中华人民共和国境内向境外转移管制物项，以及中华人民共和国公民、法人和非法人组织向外国组织和个人提供管制物项，采取禁止或者限制性措施。

31 在与数据有关的国际投资、贸易等活动中，如何维护我国国家主权、安全和发展利益？

相关政府部门要全面贯彻总体国家安全观，坚持外贸外资高质量发展和高水平安全有机统一，加强贸易投资领域风险防范，增强在对外开放环境中动态维护国家安全的能力，统筹贸易投资发展与数据安全，守住数据跨境流动安全底线，按照国家数据分类分级保护有关规定做好数据分类分级管理，在国家数据跨境传输安全管理制度框架下，探索促进跨境贸易投资数据安全有序高效流动。

我国境内注册的各类企业，在开展数据有关的国际投资、贸易等活动中，应当遵守我国和相关国家或地区的有关法律法规以及我国参加的国际公约、准则，遵守社会公德和伦理，遵守商业道德和职业道德，提高数据安全保护意识和水平，诚实守信，履行数据安全保护义务，承担社会责任，不得危害国家安全、公共利益，不得损害个人、组织的合法权益。

我国为什么要对数据跨境进行安全管理？

随着数字经济的蓬勃发展，数据跨境活动日益频繁，数据处理者的数据出境需求快速增长。同时，由于不同国家和地区法律制度、保护水平等的差异，数据出境安全风险也相应凸显。数据跨境活动既影响个人信息权益，又关系国家安全和社会公共利益。世界上许多国家和地区相继从本国、本地区实际出发，对数据跨境安全管理作了制度探索。我国积极参考借鉴国际主流经验做法，构建数据跨境安全管理体系，明确管理规则，保护个人信息主体权益，维护国家安全和社会公共利益，促进数据跨境安全、自由流动。

相关知识　**数据出境活动包括哪些情形？**

数据出境活动主要包括两种情形：一是数据处

理者将在境内运营中收集和产生的数据传输、存储至境外；二是数据处理者收集和产生的数据存储在境内，境外的机构、组织或者个人可以访问或者调用。

33 我国有哪些数据出境安全管理措施？

我国以保护个人权益、维护国家安全和社会公共利益为核心管理目标，构建数据出境管理体系，规范数据出境活动。《中华人民共和国数据安全法》《中华人民共和国网络安全法》《中华人民共和国个人信息保护法》构建了我国数据出境安全管理制度框架，根据出境数据类型、数量、主体等情况，提供安全评估、保护认证、标准合同等多元化数据出境途径，保障数据依法有序流动。国家互联网信息办公室出台《数据出境安全评估办法》，为数据出境安全评估工作提供了具体指引。公安机关、国家安全机关、海关以及有关行业主管部门加强对非网络数据出境安全监管。商务等部门对属于管制物项的数据依法实施出口管制。

相关知识　全国首个获批数据出境安全评估案例落地北京

自2022年9月1日《数据出境安全评估办法》实施以来，北京市互联网信息办公室率先开通全国首个地方申报受理咨询专线。组织指导北京市重点领域相关单位递交正式申报，首都医科大学附属北京友谊医院与荷兰阿姆斯特丹大学医学中心合作研究项目成为全国首个数据合规出境案例，该项目的审批通过，标志着国家数据出境安全评估制度在北京市率先落地，为强化医疗健康数据出境安全管理，促进国际医疗研究合作提供了实践指引。

34 构建数据基础制度体系主要从哪些方面着手?

数据基础制度建设事关国家发展和安全大局。构建数据基础制度有利于充分发挥我国海量数据规模和丰富应用场景优势，激活数据要素潜能，做强做优做大数字经济，增强经济发展新动能，构筑国家竞争新优势。

数据基础制度应适应数据特征、符合数字经济发展规律、保障国家数据安全、彰显创新引领，从数据产权、流通交易、收益分配、安全治理等重点方向展开：一是建立保障权益、合规使用的数据产权制度；二是建立合规高效、场内外结合的数据要素流通和交易制度；三是建立体现效率、促进公平的数据要素收益分配制度；四是建立安全可控、弹性包容的数据要素治理制度。

中共中央　国务院印发《关于构建数据基础制度更好发挥数据要素作用的意见》

35 以促进激活数据要素价值为导向，如何建立现代数据产权制度？

在数据生产、流通、使用等过程中，个人、企业、社会、国家等相关主体对数据有着不同利益诉求，且呈现复杂共生、相互依存、动态变化等特点，传统权利制度框架难以突破数据产权困境，因此建立现代数据产权制度非常重要。

探索建立数据产权制度，推动数据产权结构性分置和有序流通，结合数据要素特性强化高质量数据要素供给；在国家数据分类分级保护制度下，推进数据分类分级确权授权使用和市场化流通交易，健全数据要素权益保护制度，逐步形成具有中国特色的数据产权制度体系。

36 如何建立健全数据要素流通交易制度以更好发挥数据要素作用?

流通交易是数据资源向数据要素转变、充分释放价值的必经之路。由于数据特性复杂，数据交易比其他生产要素或商品交易更为困难。为促进数据高效流通使用、赋能实体经济，建立合规高效、场内外结合的数据要素流通和交易制度非常重要。

完善和规范数据流通规则，构建促进使用和流通、场内场外相结合的交易制度体系，规范引导场

外交易，培育壮大场内交易；有序发展数据跨境流通和交易，建立数据来源可确认、使用范围可界定、流通过程可追溯、安全风险可防范的数据可信流通体系。

怎样建立和完善数据要素收益分配制度？

在初次分配阶段，健全数据要素由市场评价贡献、按贡献决定报酬机制。按照“谁投入、谁贡献、谁受益”原则，着重保护数据要素各参与方的投入产出收益；推动数据要素收益向数据价值和使用价值的创造者合理倾斜，确保在开发挖掘数据价值各环节的投入有相应回报。

在二次、三次分配阶段，更好发挥政府在数据要素收益分配中的引导调节作用。更加关注公共利益和相对弱势群体，推动大型数据企业积极承担社会责任；提高社会整体数字素养，着力消除不同区域间、人群间数字鸿沟，增进社会公平、保障民生福祉、促进共同富裕。

如何构建有效市场和有为政府相结合的数据要素治理制度体系?

把安全贯穿数据治理全过程，构建政府、企业、社会多方协同的治理模式，明确各方主体责任和义务，完善行业自律机制，规范市场发展秩序，形成有效市场和有为政府相结合的数据要素治理格局。

政府方面，创新政府数据治理机制，充分发挥政府有序引导和规范发展的作用。企业方面，压实企业的数据治理责任，牢固树立企业的责任意识和自律意识。社会方面，鼓励行业协会等社会力量积极参与数据要素市场建设，规范市场发展秩序。

39 国家如何开展数据安全标准制定工作？

国家推进数据开发利用技术和数据安全标准体系建设。国务院标准化行政主管部门和国务院有关部门根据各自的职责，组织制定并适时修订有关数据开发利用技术、产品和数据安全相关标准。国家支持企业、社会团体和教育、科研机构等参与标准制定。

国家对数据开发利用和数据安全技术发展的总体要求是什么？

国家支持数据开发利用和数据安全技术研究，鼓励数据开发利用和数据安全等领域的技术推广和商业创新，培育、发展数据开发利用和数据安全产品、产业体系。

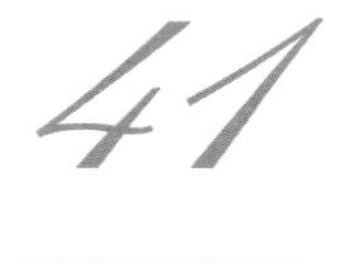

国家如何开展数据安全检测评估与认证工作？

国家促进数据安全检测评估、认证等服务的发展，支持数据安全检测评估、认证等专业机构依法开展服务活动；支持有关部门、行业组织、企业、教育和科研机构、有关专业机构等在数据安全风险评估、防范、处置等方面开展协作。

篇三

维护重点领域数据安全

工业和电信行业的数据主要有哪些特点？

工业和电信行业是我国数字化转型的排头兵和产业数字化的主阵地，具有体量大、发展快、潜力足等特点。工业和电信行业数据各具特点，从工业行业看，随着数字产业化和产业数字化加速推进，5G、大数据等新一代信息技术在工业领域深度应用融合，工业行业领域众多、应用场景丰富、业务环节复杂，工业数据呈现规模庞大、类型繁多、形态多样、价值分布不均等特点；电信行业作为国家数字化转型先驱行业，其数据规模大、重要敏感程度高，数据呈现多变性和多样化特点，并与其他行业深度融合、高度交织。工业和电信行业数据对国民经济发展发挥关键基础性作用的同时，也面临着动态、复杂、多源的数据安全风险与挑战。

工业和信息化领域数据安全管理有哪些具体举措？

工业和信息化部作为工业、电信行业数据安全监管部门，构建了以组织架构、工作机制为保障，以政策制度、标准规范为基础，以技术手段为支撑的工作体系：一是建立涵盖工业和信息化部、地方行业监管部门、部属事业单位、部属高校的工作架构，明确职责分工；二是出台《工业和信息化领域数据安全管理办法(试行)》，加强风险评估、应急预案等政策研究，推动构建相互衔接、深入细致、操作性强的制度体系，为数据安全监管、数据安全保护义务和责任的落实提供保障；三是建立行业重要数据目录备案、数据安全风险信息报送与共享、投诉举报和行业自律等重点工作机制，实现重点工作的快速有效落实；四是印发《电信和互联网行业数据安全标准体系建设指南》，编制工业领域数据安全标准体系建设指南，研制重要数据识别、分类分级保护等重点标准，指导企业完善管理和技术措施，强化保护能力；五是建设行业数据安全管理平台，提升数据安全态势感知、风险监测、威胁分析和事件处置能力，实现“以技管数”。

延伸阅读

工业和信息化部出台《工业和信息化领域数据安全管理办法（试行）》

工业和信息化部制定出台《工业和信息化领域数据安全管理办法（试行）》，2023年1月施行，重点解决工业和信息化领域数据安全“谁来管、管什么、怎么管”的问题。主要内容包括七个方面：一是界定工业和信息化领域数据和数据处理者概念，明确监管范围和监管职责。二是确定数据分类分级管理、重要数据识别与备案相关要求。三是针对不同级别的数据，围绕数据收集、存储、加工、传输、提供、公开、销毁、出境、转移、委托处理等环节，提出相应安全管理和保护要求。四是建立数据安全监测预警、风险信息报送和共享、应急处置、投诉举报受理等工作机制。五是明确开展数据安全监测、认证、评估的相关要求。六是规定监督检查等工作要求。七是明确相关违法违规行为的法律责任和惩罚措施。

44 交通领域数据主要有哪些特点？

交通运输业务具有点多、线长、面广的特点，涉及公路交通、物流运输、水路交通、综合管理等诸多领域，在交通基础设施的持续服务、运载工具的实时运行以及客流物流的不停运转等过程中产生并累积大量基础数据、动态数据和统计数据，呈现来源多元、类型繁多、数据量大、时效性强和时空关联等特点。

交通运输行业积极贯彻数据安全相关法律法规，结合本领域数据特点，强化数据分类分级管理，制定出台公路水路交通运输数据分类分级指南，开展重要数据梳理识别，统筹网络和数据安全保护，切实提升交通运输网络数据安全监测预警和应急处置水平。

金融领域在个人信息保护方面采取了哪些重点举措？

金融领域数据关涉民众的衣食住行、企业的生产经营和国家的长治久安，金融活动融入社会经济和百姓生活的各种场景中，与数据主体权益关系密切。金融领域主管部门和监管部门从多个方面重点强调各类金融业务参与方的个人信息保护要求：一是加强金融领域个人信息保护法治建设。在金融领域法律法规制定和修订中积极推动加入个人信息保护相关条款，明确个人信息主体的合法权益、业务参与方的个人信息处理合规要求及对应法律责任。二是加强金融机构个人信息保护体系建设。金融机构建立统筹协调的个人信息保护组织架构，严格落实个人信息收集、使用规则，加强个人信息全生命周期管理，采用技术措施保障个人信息安全，开展教育培训，树立个人信息保护人人有责的安全文化。三是加强金融领域个人信息保护合规监督。金融领域主管部门和监管部门持续提高监管覆盖率、精准度和专业性，围绕金融消费者反映的突出问题开展调查检查，形成威慑示范效应。同时，开展证券期货业经营机构移动应用程序的安全监测，着重加强投资者个人信息保护。

46 自然资源领域数据安全管理有哪些具体举措？

自然资源领域数据是指自然资源部门在履行职责过程中制作或获取的所有数据，主要包括测绘地理信息、遥感影像等地理信息数据，土地资源、地质矿产、海洋资源、森林草原、湿地荒漠等自然资源调查监测数据，总体规划、详细规划、专项规划等国土空间规划数据，用途管制、资产管理、耕地保护、生态修复、开发利用、不动产登记等管理数据，具有专业类型多、学科领域多、高度时空性、多元时变性、多源异构性、海量复杂等特点，具有战略价值，同时具备自然属性和社会属性，部分数据涉及国土空间、经济、能源、生态保护和国家权益，部分数据涉及公民个人隐私。

自然资源部门积极落实本行业数据安全监管责任，多措并举开展工作：一是建立数据安全管理制度。制定安全组织管理、风险评估、预警监测、应急处理等系列制度机制，明确数据安全管理责任主体、职责分工、数据源归属、数据分布情况和使用范围，开展数据分类分级研究，明确本领域重要数据的保护要求。二是强化数据安全技术手段。围绕数据采集、汇交、保存、共享和利用等关键环节，基于数字加密、数据恢复、身份认证、权限控制、安全审计等技术保护数据安全，利用区块链、云计算等新型关键技术研发，保障数据管理端和服务端的安全。三是加强数据处理活动风险监控。一旦发生数据安全事件，要求立即采取处置措施，按照规定及时告知用户并报告给主管部门。四是完善数据安全标准体系。开展数据安全相关标准指南研究，制定多项通用和专用的数据安全标准，构建数据安全能力成熟度模型，并进一步加强数据安全评估和认证实践。五是加强数据安全意识培训。定期组织开展数据安全意识宣导，强化对数据安全的认知，引导执行安全保密制度，免费开展地理信息安全在线培训。

47 卫生健康领域在数据的安全管理和共享开放方面有哪些重点举措？

卫生健康领域数据量巨大，涉及患者的疾病预防、治疗、康复等所有诊疗环节；内容复杂，涉及医疗、疾病预防控制、科教、药物、人口、中医药等各方面；数据存储较分散，例如，医疗业务在各地医疗卫生机构开展，各机构大多将业务数据保存在本机构，汇聚存储少。

卫生健康数据安全管理的重点是关键信息基础设施、网络安全等级保护第三级及以上网络中存储的重要数据和个人信息。卫生健康领域主管部门推出系列工作举措落实安全管理：一是强化责任落实。印发《关于落实卫生健康行业网络信息与数据安全责任的通知》，明确各级行政主管部门的数据安全监管责任，压实医疗卫生机构和相关单位的数据安全主体责任。二是夯实制度基础。印发《医疗卫生机构网络安全管理办法》，规范医疗卫生机构网络和数据安全管理，坚持分级保护、突出重点。印发《"十四五"全民健康信息化规划》和《"十四五"中医药发展规划》，全面完善网络与数据安全保障体系，启动关键信息基础设施安全保护工程和数据安全能力提升行动。着手制定行业数据分类分级指南。三是加强日常监管监测。联合开展个人信息保护等专项检查，常态化组织专业机构对医疗卫生机构网络安全进行线上监测、现场检查，及时消除隐患。提升应急处置能力，定期组织专项演练，做到有备无患。四是强化培训教育。开展各类培训，举办行业技能大赛，增强全行业数据保护能力。

在卫生健康数据开放共享方面，国务院办公厅印发《“十四五”国民健康规划》《“十四五”中医药发展规划》明确要求研究制定数据开放清单，开展政府医疗健康数据授权运营试点，严格规范公民健康信息管理使用，强化数据资源全生命周期安全保护，建立国家中医药综合统计制度，稳步推动数据资源共享开放。国家卫健委、国家中医药局、国家疾控局联合发布《医疗卫生机构信息公开管理办法》，规范医疗卫生机构的信息公开，方便公民、法人和其他社会组织获得医疗卫生机构的服务信息。

48 教育领域采取哪些重点举措保障数据安全？

教育领域数据主要是教育行政部门和各级各类学校在开展教育业务过程中所产生的数据，数据体量庞大，覆盖近3亿学生、1800多万教师和50多万所学校；数据敏感度高，包含大量敏感信息，特别是个人信息和14岁以下儿童的信息；教育数据分布分散，地区间、学校间的数据安全保障能力差距较大，防护难度较高。

基于以上特点，为保障教育领域数据安全，切实维护广大师生的切身利益，教育部强化统筹部署，教育系统共同努力，开展了以下工作：一是加强制度建设。严格落实法律法规要求，教育部等七部门联合印发《关于加强教育系统数据安全工作的通知》，研制《教育部机关及直属事业单位教育数据管理办法》，将保障数据安全作为推进国家教育数字化战略行动的重要内容予以重点部署；探索建立教育系统数据分类分级制度，开展核心和重要数据识别认定，为教育数据安全防护提供政策保障。二是开展监测评估。加强和网络安全职能部门、专业机构、高等学校等机构的合作，健全多元参与的网络安全监测机制；组织对存储超过百万以上个人信息的信息系统开展数据安全评估，从管理和技术等维度，系统排查数据安全隐患；组织开展教育系统网络安全攻防演习，将存储百万以上个人信息的系统作为演习重点，系统排查数据安全的深层次安全问题。三是做好教育培训。举办教育系统网络安全专题研讨班，将数据安全作为重点，提升教育系统管理干部的数据安全保护能力；以全民国家安全教育日、网络安全宣传周等活动为契机，面向广大师生开展网络安全宣传教育，重点培养师生数字素养和技能，提升个人信息保护的意识。

49 新一代信息技术发展和应用带来哪些数据安全新需求？

近年来，互联网、大数据、云计算、人工智能、区块链等技术加速创新，日益融入经济社会发展各领域全过程，多样化应用场景对数据加密、数据脱敏、隐私计算、身份认证、威胁检测等数据安全关键技术提出创新性、系统性需求。为促进数据合规高效流通使用、赋能实体经济，亟需提升数据安全治理多元化、专业化、高效化水平，推动人工智能等新技术、新业态健康发展，加快智能软硬件、智能机器人、智能运载工具、虚拟现实与增强现实、智能终端等重点领域智能产品创新。同时，数据作为新型生产要素，为构建与数字生产力发展相适应的生产关系，亟需加强培育数据安全产业供给能力，打造数据安全产业生态体系，包括加强数据资源管理及保护、数据质量评估、隐私计算等产品研发，发展数据安全风险把控、资产管理、监测预警、应急响应、检测评估等服务能力，加快与人工智能、大数据、区块链、云计算等新兴技术的交叉融合创新，赋能提升数据安全态势感知、风险研判等能力水平。

50 政务数据的范围主要包括哪些？

政务数据一般是指政府部门及法律法规授权具有管理公共事务职能的机构和组织在依法履职过程中收集和产生的各类数据，包括直接或者通过第三方依法采集的、依法授权管理的和因履行职责需要依托政务信息系统形成的信息资源等。

延伸阅读　我国政务数据资源体系初步形成

截至2022年9月，覆盖国家、省、市、县等层级的政务数据目录体系初步形成，各地区各部门依托全国一体化政务服务平台汇聚编制政务数据目录超过300万条，信息项超过2000万个。人口、法人、自然资源、经济等基础库初步建成，在优化政务服务、改善营商环境方面发挥重要支撑作用。国务院各有关部门积极推进医疗健康、社会保障、生态环保、信用体系、安全生产等领域主题库建设，为经济运行、政务服务、市场监管、社会治理等政府职责履行提供有力支撑。各地区积极探索政务数据管理模式，建设政务数据平台，统一归集、统一治理辖区内政务数据，以数据共享支撑政府高效履职和数字化转型。

如何认识做好政务数据安全保护的重要性？

政务数据是我国推动实施国家大数据战略、建设数字政府体系框架的核心组成部分，事关国家安全和发展利益，在调节经济运行、改进政务服务、优化营商环境、支撑疫情防控等方面发挥了重要作用。要坚持总体国家安全观，树立网络安全底线思维，围绕数据全生命周期安全管理，落实安全主体责任，促进安全协同共治，运用安全可靠技术和产品，推进政务数据安全体系规范化建设，推动安全与利用协调发展。

52 国家机关应当履行哪些数据安全保护义务？

为保障政务数据安全，并推动政务数据开放利用，《中华人民共和国数据安全法》将国家机关作为一类特殊数据处理者，设专章规定了其收集、使用数据等管理要求，明确其数据安全保护义务。一方面，国家机关为履行法定职责的需要收集、使用数据，应当在其履行法定职责的范围内依照法律、行政法规规定的条件和程序进行；对在履行职责中知悉的个人隐私、个人信息、商业秘密、保密商务信息等数据应当依法予以保密，不得泄露或者非法向他人提供。另一方面，国家机关应当依照法律、行政法规的规定，建立健全数据安全管理制度，落实数据安全保护责任，保障政务数据安全。国家机关委托他人建设、维护电子政务系统，存储、加工政务数据，应当经过严格的批准程序，并应当监督受托方履行相应的数据安全保护义务。

53 如何推动政务数据开放利用？

政务数据开放利用是一项系统工程，需要通过编制政务数据目录、构建政务数据开放平台、推进政务数据资源开发利用等多项举措实现。一是编制政务数据目录。全面摸清政务数据资源底数，建立覆盖国家、省、市、县等层级的全国一体化政务数据目录，形成全国政务数据“一本账”，支撑跨层级、跨地域、跨系统、跨部门、跨业务的数据有序流通和共享应用。二是构建统一规范、互联互通、安全可控的政务数据开放平台。基于全国一体化政务大数据体系，建设政务数据开放体系，通过国家公共数据开放平台和各地区各部门政务数据开放平台，推动数据安全有序开放。三是推进政务数据资源开发利用。探索利用身份认证授权、数据沙箱、安全多方计算等技术手段，实现数据“可用不可见”，逐步建立数据开放创新机制。根据国家有关政务数据开放利用的规定和经济社会发展需要，促进政务数据在风险可控原则下尽可能开放，明晰数据开放的权利和义务，界定数据开放的范围和责任，明确数据开放的安全管控要求，优先开放与民生紧密相关、社会迫切需要、行业增值潜力显著的政务数据。鼓励依法依规开展政务数据授权运营，积极推进数据资源开发利用，培育数据要素市场，营造有效供给、有序开发利用的良好生态，推动构建数据基础制度体系。

延伸阅读 什么是安全多方计算?

安全多方计算（Secure Multi-Party Computation，SMC）是指多个参与方共同计算某个函数，计算结束时，只能获得私有数据的输出结果，不能获取其他参与方的输入信息和输出结果。安全多方计算采用协议的方式替代第三方，通过协议保证各数据参与方的地位权力平等，任何数据拥有者都可开启计算任务。

54 如何推动政务数据共享？

推动政务数据高效有序共享需要从统筹管理、平台体系、协同共享三方着手。一是建立健全政务数据共享协调机制。各地区各部门要建立健全本地区本部门政务数据共享协调机制，明确管理机构和主要职责，确保政务数据共享协调有力、职责明确、运转顺畅、管理规范、安全有序。二是构建完善统一共享交换体系。依托全国一体化政务服务平台和国家数据共享交换平台，统一受理共享申请并提供服务，形成覆盖国家、省、市等层级的全国一体化政务数据共享交换体系，高效满足各地区各部门数据共享需求，有序推进国务院部门垂直管理业务系统向地方政务数据平台共享数据。三是深入推进政务数据协同共享。国家政务大数据平台支撑各省（自治区、直辖市）之间、国务院各部门之间以及各省（自治区、直辖市）与国务院部门之间的跨部门、跨地域、跨层级数据有效流通和充分共享。各地方政务数据平台支撑本行政区域内部门间、地区间数据流通和共享。各部门政务数据平台支撑本部门内、本行业内数据流通和共享。以应用为牵引，全面提升数据共享服务能力，协同推进公共数据和社会数据共享。

延伸阅读

北京市积极推动政务数据共建共享，全面提升便民利企服务效能

近年来，为积极顺应数字化转型趋势，北京市以数字政务为抓手，充分依托国家政务大数据平台和市大数据平台，以应用场景为驱动，以新技术赋能为引擎，加快推进跨地区、跨部门、跨层级的系统互联互通和数据共享，最大限度释放数据资源的价值与活力，有力支撑了营商环境优化、京津冀协同发展等各项重点任务落地，便民利企的服务能力和服务效率显著提高。在全国首创“目录区块链”系统，建立起部门职责、系统、数据之间的对应关系，并在此基础上开展政务数据资源编目工作，实现全市政务数据“一本账”展示、“一站式”申请、“一平台”调度，并对工作成效开展“月报季评”、成绩晾晒。截至2022年11月，市大数据平台累计汇聚56个市级部门3.4万余个数据项、340多亿条政务数据以及来源于企业的930余个数据项、1300多亿条社会数据；向51个市级部门、16个区和经开区，以及国务院部门共享数据656亿余条。

55 在政务大数据体系建设中如何保障政务数据安全？

当前，我国正在加快推进全国一体化政务大数据体系建设，在此过程中，安全保障一体化是防线底线，应从制度规范、技术防护和安全管理三方面强化数据安全保障。一是健全数据安全制度规范，贯彻落实相关法律法规，明确数据分类分级、安全审查等具体制度和要求，厘清数据流转全流程中各方权利义务和法律责任，制定政务数据访问权限控制、异常风险识别、安全风险处置、行为审计、数据安全销毁、指标评估等数据安全管理规范。二是提升平台技术防护能力，加强数据安全常态化检测和技术防护，建立健全面向数据的信息安全技术保障体系，充分利用电子认证、数据加密存储、传输和应用手段，防止数据篡改，推进数据脱敏使用，加强重要数据保护，加强个人隐私、商业秘密信息保护，严格管控数据访问行为，实现过程全记录和精细化权限管理。三是强化数据安全运行管理，完善数据安全运维运营保障机制，加强数据安全风险信息的获取、分析、研判、预警，建立健全事前管审批、事中全留痕、事后可追溯的数据安全运行监管机制，加强政务系统建设安全管理，确保数据安全。

56 如何理解加强数据安全保障可以更好支撑数字政府建设?

2022 年，习近平总书记在主持召开中央全面深化改革委员会第二十五次会议时强调，要始终绷紧数据安全这根弦，加快构建数字政府全方位安全保障体系，全面强化数字政府安全管理责任。数字政府相关系统面临着黑客攻击、数据泄露、非法交易、无序出境等数据安全威胁和风险。保障数据安全，一直是数字政府建设探索与实践中的工作重点。在数字政府建设中，要充分认识数据安全的极端重要性，加强数字政府网络安全工作的顶层设计和统筹规划。具体而言，需要建立健全数据分类分级保护、风险评估、检测认证等制度，加强数据全生命周期安全管理和技术防护；加大对涉及国家秘密、工作秘密、商业秘密、个人隐私和个人信息等数据的保护力度，完善相应问责机制，依法加强重要数据出境安全管理；加强关键信息基础设施安全保护和网络安全等级保护，建立健全网络安全、保密监测预警和密码应用安全性评估的机制，定期开展网络安全、保密和密码应用检查，提升数字政府领域关键信息基础设施保护水平。此外，提高数字政府建设水平要加强公共数据开放共享，建立健全国家公共数据资源体系，确保公共数据安全；推进数据跨部门、跨层级、跨地区汇聚融合和深度利用，进而赋能数字政府的“数治”和“数智”能力。

国务院印发《关于加强数字政府建设的指导意见》

篇四

提高数据安全治理能力

我国数据安全保护义务的总体要求是什么?

数据处理者开展数据处理活动，应当遵守法律、法规，尊重社会公德和伦理，遵守商业道德和职业道德，诚实守信，履行数据安全保护义务，承担社会责任，不得危害国家安全、公共利益，不得损害个人、组织的合法权益。为有效落实数据安全保护义务，数据处理者应建立健全全流程数据安全管理制度，组织开展数据安全教育培训，采取相应的技术措施和其他必要措施，保障数据安全。

如何依托网络安全等级保护制度落实数据安全保护义务?

利用互联网等信息网络开展数据处理活动，应当在网络安全等级保护制度的基础上，履行数据安全保护义务。数据处理者在贯彻落实《中华人民共和国数据安全法》时，既要注重数据全流程处理活动中的数据安全保护，也要不断提高数据处理活动中依赖的系统和网络的安全保护能力，即在开展网络安全等级保护工作的同时，建立和完善数据安全管理制度，加强和落实数据安全保护措施。一是根据国家数据分类分级保护制度、行业主管部门和监管部门有关规定以及相关标准要求，在本单位数据安全保护责任范围内开展数据分类分级工作，建立重要数据和核心数据目录。二是根据数据的分类分级结果对数据采取相应的保护措施。处理重要数据的信息系统和网络的安全保护等级一般不应低于第三级，处理核心数据的信息系统和网络的安全保护等级一般不应低于第四级。关键信息基础设施运营者对关键信息基础设施中重要数据的保护，除应采取上述保护措施外，还应符合《信息安全技术　关键信息基础设施安全保护要求》（GB/T 39204—2022）等有关数据安全保护的相关规定。

延伸阅读　网络安全等级保护分级

《信息安全技术　网络安全等级保护定级指南》（GB/T 22240—2020）根据等级保护对象在国家安全、经济建设、社会生活中的重要程度，以及一旦遭到破坏、丧失功能或者数据被篡改、泄露、丢失、损毁后，对国家安全、社会秩序、公共利益以及公民、法人和其他组织的合法权益的侵害程度等因素，等级保护对象的安全保护等级分为以下五级：

第一级，等级保护对象受到破坏后，会对相关公民、法人和其他组织的合法权益造成损害，但不危害国家安全、社会秩序和公共利益；

第二级，等级保护对象受到破坏后，会对相关公民、法人和其他组织的合法权益造成严重损害或特别严重损害，或者对社会秩序和公共利益造成危害，但不危害国家安全；

第三级，等级保护对象受到破坏后，会对社会秩序和公共利益造成严重危害，或者对国家安全造成危害；

第四级，等级保护对象受到破坏后，会对社会秩序和公共利益造成特别严重危害，或者对国家安全造成严重危害；

第五级，等级保护对象受到破坏后，会对国家安全造成特别严重危害。

59 全流程数据安全管理包括哪些环节？

全流程数据安全管理是指通过管理、技术等措施保障数据全生命周期各环节的安全，包括但不限于数据的收集、存储、使用、加工、传输、提供、公开等。

数据收集一般应遵循怎样的原则？

数据收集的主要方式包括运营产生、购买交易、系统收集等。任何组织、个人收集数据，应当采取合法、正当的方式，不得窃取或者以其他非法方式获取数据。法律、行政法规对收集、使用数据的目的、范围有规定的，应当在法律、行政法规规定的目的和范围内收集、使用数据。

可以从哪些方面采取措施保障数据存储安全？

开展数据存储活动应当按照法律、行政法规规定和用户约定的方式、期限进行数据存储，可以从物理环境安全、设备设施安全、系统平台安全等方面，加强数据存储安全管控，保障存储数据的完整性、保密性和可用性。

如何规范数据使用加工活动?

开展数据使用加工活动，应按照法律法规，参照有关标准，对敏感数据进行脱敏处理，保证数据可用性和安全性的平衡；采取适当的安全控制措施，防范数据挖掘、分析过程中有价值信息和个人隐私泄露的安全风险；明确数据使用加工过程中的相关责任，保证数据的正当使用加工。涉及利用数据进行自动化决策的，应当保证决策的透明度和结果公平合理。

传输数据一般采取哪些安全保障措施?

数据处理者在数据传输活动中应根据数据类型、级别和应用场景等，采取适当的加密保护措施，保证传输通道、传输节点和传输数据的安全，防止传输过程中的数据泄露。传输重要数据和核心数据的，采取更加严格的管理和技术保障措施，例如校验技术、密码技术、安全传输通道或者安全传输协议等。

64 如何防范数据提供中的安全风险？

数据处理者向他人提供个人信息，或者提供、委托处理、共同处理重要数据，应当保障相关数据主体合法权益，履行告知义务，采取措施约束数据接收方行为并对其义务履行情况进行监督。涉及多个数据处理者共同决定数据的处理目的和处理方式的，应当约定各自的权利和义务。提供重要数据或核心数据的，应要求接收方按照对应级别进行分类分级保护。

65 数据公开活动应当遵循哪些原则性要求?

数据处理者应当在数据公开前分析研判可能对国家安全、公共利益产生的影响，存在显著负面影响或风险的不得公开。国家机关应当遵循公正、公平、便民的原则，按照规定及时、准确地公开政务数据，依法不予公开的除外。

66 重要数据处理者应当履行哪些数据安全保护义务?

重要数据处理者在履行一般数据处理者数据安全保护义务的基础上，还应履行以下保护义务：一是加强内部管理，明确数据安全负责人和管理机构，落实数据安全保护责任。二是根据所在行业领域制定的数据分类分级标准，识别重要数据，按程序报送重要数据目录，对列入目录的数据进行重点保护。三是按照规定对其数据处理活动定期开展风险评估。

重要数据处理者如何对其数据处理活动开展风险评估？

数据安全风险评估是数据处理者落实数据安全保障要求、防范数据安全风险的有力措施。重要数据的处理者应当按照规定对其数据处理活动定期开展风险评估，并向有关主管部门报送风险评估报告。风险评估报告应当包括处理的重要数据的种类、数量，开展数据处理活动的情况，面临的数据安全风险及其应对措施等。

68 个人信息处理者应采取哪些措施保障个人信息安全?

个人信息处理者应当根据个人信息的处理目的、处理方式、个人信息的种类以及对个人权益的影响、可能存在的安全风险等，采取下列措施确保个人信息处理活动符合法律、行政法规的规定，并防止未经授权的访问以及个人信息泄露、篡改、丢失，具体包括：制定内部管理制度和操作规程；对个人信息实行分类管理；采取相应的加密、去标识化等安全技术措施；合理确定个人信息处理的操作权限，并定期对从业人员进行安全教育和培训；制定并组织实施个人信息安全事件应急预案；法律、行政法规规定的其他措施。此外，结合反电信网络诈骗工作的实际需要，个人信息处理者应当按照《中华人民共和国个人信息保护法》《中华人民共和国反电信网络诈骗法》等相关法律法规，规范个人信息处理，加强个人信息保护，建立个人信息被用于电信网络诈骗的防范机制。

69 收集个人信息应遵守哪些基本原则？

收集个人信息，应当限于实现处理目的的最小范围，遵循合法性、最小必要、授权同意等原则，不应以欺诈、诱骗、误导的方式收集个人信息，不得过度收集或未经信息主体同意收集个人信息。

315晚会曝光：低配的儿童智能手表成“行走的偷窥器”

使用和展示个人信息，应采取哪些措施保障个人信息安全？

使用个人信息时，应建立最小授权的访问控制策略，设置内部审批流程等访问控制措施；应限制个人信息使用目的，不超出与收集个人信息时所声称的目的具有直接或合理关联的范围；除为实现个人信息主体授权同意的使用目的所必需外，应消除明确身份指向性，避免精确定位到特定个人。

涉及通过界面展示个人信息的（如显示屏幕、纸面），宜对需展示的个人信息采取去标识化处理等措施，降低个人信息在展示环节的泄露风险。

71 哪些情形应当开展个人信息保护影响评估?

有下列情形之一的，个人信息处理者应当事前进行个人信息保护影响评估，并对处理情况进行记录：一是处理敏感个人信息；二是利用个人信息进行自动化决策；三是委托处理个人信息、向其他个人信息处理者提供个人信息、公开个人信息；四是向境外提供个人信息；五是其他对个人权益有重大影响的个人信息处理活动。

72 个人信息处理者向境外提供个人信息需要具备哪些条件?

个人信息处理者因业务等需要，确需向中华人民共和国境外提供个人信息的，应当具备下列条件之一：一是通过国家网信部门组织的安全评估；二是按照国家网信部门的规定经专业机构进行个人信息保护认证；三是按照国家网信部门制定的标准合同与境外接收方订立合同，约定双方的权利和义务；四是法律、行政法规或者国家网信部门规定的其他条件。

关键信息基础设施运营者和处理个人信息达到国家网信部门规定数量的个人信息处理者，应当将在中华人民共和国境内收集和产生的个人信息存储在境内。确需向境外提供的，应当通过国家网信部门组织的安全评估；法律、行政法规和国家网信部门规定可以不进行安全评估的，从其规定。

73 个人信息保护认证的实施程序是怎样的？

个人信息保护认证一般是指对个人信息处理者开展个人信息收集、存储、使用、加工、传输、提供、公开、删除以及跨境等处理活动进行综合评价的过程，旨在鼓励个人信息处理者通过认证方式提升个人信息保护能力，规范个人信息处理活动，促进个人信息合理利用。个人信息保护认证实施程序包括认证委托、技术验证、现场审核、认证结果评价和批准、获证后监督、明确认证时限等。

74 哪些情形可以通过签订标准合同的方式向境外提供个人信息？

个人信息处理者通过订立标准合同的方式向境外提供个人信息应当同时符合下列情形：一是非关键信息基础设施运营者；二是处理个人信息不满 100 万人的；三是自上年 1 月 1 日起累计向境外提供个人信息不满 10 万人的；四是自上年 1 月 1 日起累计向境外提供敏感个人信息不满 1 万人的。法律、行政法规或者国家网信部门另有规定的，从其规定。个人信息处理者不得采取数量拆分等手段，将依法应当通过出境安全评估的个人信息通过订立标准合同的方式向境外提供。

《个人信息出境标准合同办法》2023年6月1日施行

75 哪些情形需要申报数据出境安全评估?

有以下四种情形之一的，应当申报数据出境安全评估：一是数据处理者向境外提供重要数据；二是关键信息基础设施运营者和处理100万人以上个人信息的数据处理者向境外提供个人信息；三是自上年1月1日起累计向境外提供10万人个人信息或者1万人敏感个人信息的数据处理者向境外提供个人信息；四是国家网信部门规定的其他需要申报数据出境安全评估的情形。

76 企业如何申报数据出境安全评估?

数据处理者在申报数据出境安全评估前，应当开展数据出境风险自评估，重点评估数据出境和境外接收方处理数据的目的、范围、方式等的合法性、正当性、必要性，出境数据的规模、范围、种类、敏感程度，数据出境可能对国家安全、公共利益、个人或者组织合法权益带来的风险等，形成数据出境风险自评估报告。申报数据出境安全评估时，应向省级网信部门提交申报书、数据出境风险自评估报告、数据处理者与境外接收方拟订立的法律文件等材料，根据地方和国家网信部门审理要求，需要补充材料的，及时配合提供。

数据出境安全评估主要评估哪些内容？

数据出境安全评估重点评估数据出境活动可能对国家安全、公共利益、个人或者组织合法权益带来的风险，主要包括以下事项：一是数据出境的目的、范围、方式等的合法性、正当性、必要性；二是境外接收方所在国家或者地区的数据安全保护政策法规和网络安全环境对出境数据安全的影响，境外接收方的数据保护水平是否达到中华人民共和国法律、行政法规的规定和强制性国家标准的要求；三是出境数据的规模、范围、种类、敏感程度，出境中和出境后遭到篡改、破坏、泄露、丢失、转移或者被非法获取、非法利用等的风险；四是数据安全和个人信息权益是否能够得到充分有效保障；五是数据处理者与境外接收方拟订立的法律文件中是否充分约定了数据安全保护责任义务；六是遵守中国法律、行政法规、部门规章情况；七是国家网信部门认为需要评估的其他事项。

外国司法或者执法机构跨境调取数据时，应遵守什么规定？

中华人民共和国主管机关根据有关法律和中华人民共和国缔结或者参加的国际条约、协定，或者按照平等互惠原则，处理外国司法或者执法机构关于提供数据的请求。非经中华人民共和国主管机关批准，境内的组织、个人不得向外国司法或者执法机构提供存储于中华人民共和国境内的数据。

从事数据交易中介服务，应履行哪些数据安全保护义务？

数据交易指数据供方和需方之间以数据商品作为交易对象，进行的以货币或货币等价物交换数据商品的行为。从事数据交易中介服务的机构提供服务，应当要求数据提供方说明数据来源，审核交易双方的身份，并留存审核、交易记录。

延伸阅读　常见的数据产品交易模式

目前，常见的数据产品交易可大致分为直接交易、单边交易和多边交易三种模式。一是原始数据直接交易模式。数据产品根据市场需求生成，交易内容与形式较为开放，交易双方可自行商定数据类型、购买期限、使用方式、转让条件等，属于“一对一”的交易方式。二是“一对多”的单边交易模式。数据交易机构以数据服务商身份，对自身拥有的数据或通过购买、网络爬虫等收集来的数据，进行分类、汇总、归档等初加工，将原始数据变成标准化的数据包或数据库再进行出售，一般采用会员制、云账户等方式，为客户提供数据包（集）、数据调用接口（API接口）、数据报告或数据应用服务等。三是平台化多边交易模式。数据交易机构作为完全独立的第三方，为数据供应方、需求方提供撮合服务。

80 不履行数据安全保护义务，会承担哪些法律责任？

不履行数据安全保护义务，应依法承担相应的民事责任、行政责任和刑事责任。《中华人民共和国数据安全法》将行政责任作为主要的责任形式，对一般违法行为，主要通过责令改正、警告、罚款、没收违法所得等方式敦促相关主体落实安全管理要求，对于情节严重的，通过暂停相关业务、停业整顿、吊销相关业务许可证或营业执照、处罚直接负责的主管人员和其他直接责任人等方式进行运营限制。

有关主管部门在履行数据安全监管职责中，发现数据处理活动存在较大安全风险的，可以按照规定的权限和程序对有关组织、个人进行约谈，并要求有关组织、个人采取措施进行整改，消除隐患。

国家机关不履行本法规定的数据安全保护义务的，对直接负责的主管人员和其他直接责任人员依法给予处分。

延伸阅读 各地数据安全法执法案例

山东省首次适用《中华人民共和国数据安全法》对某公司进行行政处罚。2022年3月，枣庄网警在执法检查中发现，某公司自建收费系统，通过公众号采集公民个人信息，存储在第三方云平台上，但对采集的数据未采取安全防护技术措施，未依法履行网络安全保护义务。枣庄市台儿庄网警根据《中华人民共和国数据安全法》第二十七条第一款、第四十五条第一款之规定，对该公司予以行政警告处罚，并责令改正。

广东警方首次对未履行数据安全保护义务的公司进行处罚。2022年7月，广州警方检查发现，某公司开发的"驾培平台"存储了驾校培训学员的姓名、身份证号、手机号、个人照片等信息1070万余条，但该公司没有建立数据安全管理制度和操作规程，对于日常经营活动采集到的驾校学员个人信息未采取去标识化和加密措施，系统存在未授权访问漏洞等严重数据安全隐患。系统平台一旦被不法分子突破窃取，将导致大量驾校学员个人信息泄露，给广大人民群众个人利益造成重大影响。根据《中华人民共和国数据安全法》的有关规定，广州警方对该公司未履行数据安全保护义务的违法行为，依法处以警告并处罚款人民币5万元的行政处罚，开创了广东省公安机关适用《中华人民共和国数据安全法》的先例，对数据安全治理作出了积极探索和实践。

81 什么是数据安全产业？

国家统筹发展和安全，坚持以数据开发利用和产业发展促进数据安全，以数据安全保障数据开发利用和产业发展。数据安全产业是为保障数据持续处于有效保护、合法利用、有序流动状态提供技术、产品和服务的新兴业态。

延伸阅读　数据安全产业和网络安全产业的区别

数据安全产业聚焦数据全生命周期安全保护和开发利用的需求，支持相关技术、产品和服务的研究开发。网络安全产业主要从保护数据存储、处理、传输等载体的角度，实现对网络数据完整性、机密性、可用性保护，主要包含网络边界防护、计算环境防护等方面的技术、产品和服务。

为什么要促进数据安全产业发展？

数据安全产业作为数据安全技术、产品和服务的提供者，是确保数据安全和有序开发利用的重要支撑。发展数据安全产业，有助于提高各行业各领域数据安全保障能力，加速数据要素市场培育和价值释放，夯实数字中国建设和数字经济发展基础。

《关于促进数据安全产业发展的指导意见》印发：到2025年数据安全产业基础能力和综合实力明显增强

促进数据安全产业发展的目标是什么？

工业和信息化部等十六部门《关于促进数据安全产业发展的指导意见》按 2025 年、2035 年两个阶段提出产业发展目标：到 2025 年，数据安全产业基础能力和综合实力明显增强。产业生态和创新体系初步建立，标准供给结构和覆盖范围显著优化，产品和服务供给能力大幅提升，重点行业领域应用水平持续深化，人才培养体系基本形成。

到 2035 年，数据安全产业进入繁荣成熟期。产业政策体系进一步健全，数据安全关键核心技术、重点产品发展水平和专业服务能力跻身世界先进行列，各领域数据安全应用意识和应用能力显著提高，涌现出一批具有国际竞争力的领军企业，产业人才规模与质量实现双提升，对数字中国建设和数字经济发展的支撑作用大幅提升。

促进数据安全产业发展有哪些举措?

推动数据安全产业发展，要从强化产业供给、引导安全需求、深化产融合作、培育专业人才、优化产业生态等方面着手。一是提升产业创新能力，加强核心技术攻关，构建数据安全产品体系，加快数据安全技术与人工智能、大数据、区块链等新兴技术的交叉融合创新。二是壮大数据安全服务，推进规划咨询与建设运维服务，积极发展检测、评估、认证服务。三是推进标准体系建设，促进技术、产品、服务和应用标准化，鼓励各类主体积极参与标准制定，加大标准应用推广力度，积极参与国际标准组织活动。四是推广技术产品应用，提高工业、电信、交通、金融等重点领域和电子商务、远程医疗等新型场景的数据安全技术产品应用水平，开展数据安全新技术、新产品应用试点，加强示范引领。五是构建繁荣产业生态，推动产业集聚发展，打造融通发展企业体系，强化产业公共服务平台等基础设施建设。六是强化人才供给保障，推动加强数据安全相关学科专业建设，创新发展多样化人才培养模式，建立健全人才选拔、培养和激励机制，引进海外优质人才与创新团队。七是深化国际交流合作，加强数据安全产业政策交流，鼓励国内外企业深化合作，探索打造国际创新合作基地，支持举办高层次国际论坛和展会。

延伸阅读　**“电信和互联网行业数据安全人才强基计划”正式启动**

2022年4月，在工业和信息化部网络安全管理局指导下，中国信息通信研究院与中国互联网协会联合发起“电信和互联网行业数据安全人才强基计划”（以下简称“强基计划”）。“强基计划”联合行业企业、高等院校、科研机构等多方力量，从人才培养、人才选拔、人才评定和产业促进四方面着手，开展数据安全人才培养体系建设，强化人才力量储备，夯实产业发展根基。其中，为做好人才培养顶层规划布局，“强基计划”研究推出行业数据安全岗位体系，将企业通用组织架构与数据安全工作需求相结合，明确决策、管理、执行、支撑四方面数据安全工作职责及能力要求，贴近企业实际，实操性强，为企业科学配置数据安全岗位提供了有力参考。

如何推动数据安全技术、产品和服务创新？

数据安全技术、产品和服务创新是支撑数据安全产业可持续发展的源动力，提升产业链、供应链韧性的重要基础。推动数据安全技术、产品和服务创新将从以下三个方面着手：一是技术创新方面。支持科研机构、高等院校、企业等主体共建高水平的重点实验室、研发机构、协同创新中心等，围绕新计算模式、新网络架构和新应用场景，加强数据安全基础理论研究，攻关突破数据安全基础共性技术、核心关键技术、前沿革新技术。二是产品创新方面。鼓励数据安全企业紧密围绕产业数字化和数字产业化过程的数据安全保护需求，优化升级传统数据安全产品，创新研发新兴融合领域专用数据安全产品；面向重点行业领域特色需求、中小企业个性化需求，以及数据开放共享、数据交易等开发利用场景，加快适用产品研发；加强数据安全产品与基础软硬件的适配发展，增强数据安全内生能力。三是服务创新方面。鼓励数据安全企业、第三方服务机构由提供技术产品向提供服务和解决方案转变，发展壮大数据安全规划咨询、建设运维、检测评估与认证、权益保护、违约鉴定等服务，推进数据安全服务云化、一体化、定制化等服务模式创新。

86 数据安全技术主要有哪些类型？

数据安全技术最初是网络安全技术的一个分支，随着数字经济的发展和信息技术的演进，逐渐形成一套独立的技术体系。数据安全技术是指重点围绕数据的安全防护与监测技术，保障以数据为中心的全生命周期的安全。目前数据安全技术主要分为数据资产管理、数据资产防护、数据处理行为保护、数据开发利用等类型。数据资产管理类是指对数据资产进行盘点、梳理、分类分级、可视化呈现，并记录流转情况的技术，是数据资产防护、数据处理行为保护、数据开发利用的基础，主要包括数据资源发现、数据资产识别及数据标记等技术。数据资产防护类是数据收集、存储、使用、加工、传输、销毁等各个阶段的安全防护技术，具体包括数据防篡改、数据加密、数据脱敏、数据去标识化、数据销毁等。数据处理行为保护类是对数据处理活动的监测、保护等技术的集合，主要包括数据流转分析、数据安全态势感知、数据库审计、API 安全检测与防护等。数据开发利用类是指在数据提供（有偿提供、无偿提供）、公开（完全公开、限定公开）等应用环节（场景）中的安全技术，主要包括安全多方计算、联邦学习、可信执行环境（TEE）等。

相关知识　数据加密、数据脱敏、数据去标识化、联邦学习、可信执行环境是什么？

数据加密技术是指通过加密算法和加密密钥将明文转变为密文，而解密则是通过解密算法和解密密钥将密文恢复为明文。数据加密技术主要包括离线信息传输加密、可验证计算等。

数据脱敏又称为数据漂白、数据去隐私化或数据变形，是指从原始环境向目标环境进行敏感数据交换的过程中，通过一定方法消除原始环境数据中的敏感信息，并保留目标环境业务所需的数据特征或内容的数据处理过程。

数据去标识化是指通过对个人信息的技术处理，使其在不借助额外信息的情况下，无法识别或者关联个人信息主体的过程。其技术原理是通过密码技术、假名化技术、抑制技术、泛化技术等对用户直接标识符和准标识符进行更概括、更抽象的描述。

联邦学习是指依靠机器学习技术，各参与方将本地训练的数据，通过通信机制将参数传到中央服务器，中央服务器收集各方参数进行训练以构建全局模型送回各参与方。联邦学习处理数据隐私时，始终将终端数据存储在本地，能够最大限度地避免数据被泄露。

可信执行环境是基于可信硬件的隐私保护技术，在硬件中为敏感数据单独分配一块隔离的内存，作为安全运算环境，所有敏感数据的计算均在这块内存中进行。可信执行环境技术可确保任何外部攻击者无法窃取运算环境内部的机密数据，也无法恶意控制运算环境算法的执行，充分保证了机密数据的隐私性、完整性与计算正确性。

典型的数据安全产品有哪些?

数据安全产品覆盖与生产、收集或使用数据有关的全行业、全领域、全流程。目前市场主流的数据安全产品主要分为数据资产管理、数据资产防护、数据处理行为保护、数据开发利用及综合平台等类型。数据资产管理类主要包括数据分类分级工具、数据资产地图产品等。数据资产防护类主要包括数据库审计系统、数据加密系统、数据脱敏系统、数据防泄露产品等。数据处理行为保护类主要包括数据安全评估平台、API 安全检测与防护产品、数据安全管控产品等。数据开发利用类主要包括隐私计算、数据水印等产品。综合平台类是指对多种数据安全技术手段和策略进行集合，以实现数据安全综合保护能力的产品，主要包括数据安全治理平台等。

88 主要的数据安全服务有哪些？

当前，数据安全规则体系及技术手段不断完善，数据安全服务正处于快速发展时期。目前市场主流的数据安全服务主要包括数据安全咨询、数据安全能力建设、数据安全运营维护、数据安全检测认证、数据安全评估审计、数据安全教育培训、数据开放共享等。未来，面向数据安全合规需求，数据安全规划咨询与建设运维以及数据安全检测、评估、认证服务将迎来快速发展机遇。

如何推进数据安全产业标准体系建设？

推进数据安全标准体系建设，要加强数据安全产业重点标准供给。充分发挥标准对产业发展的支撑引领作用，促进技术、产品、服务和应用标准化。鼓励科研院所、企事业单位、普通高等院校及职业院校等各类主体积极参与数据安全产业评价、数据安全产品技术要求、数据安全产品评测、数据安全服务等标准制定。高质高效推进贯标工作，加大标准应用推广力度。积极参与数据安全国际标准组织活动，推动国内国际协同发展。

90 如何营造良好的数据安全产业生态？

良好的产业生态是激发产业市场活力、取得产业整体优势和综合效益的重要着力点，数据安全产业生态培育将从以下三方面推动：一是加快推动国家数据安全产业园、数据安全创新应用先进示范区、数据安全重点实验室等创新载体规划建设，促进形成产业发展集聚效应，并加快数据安全产业公共服务平台等基础设施建设。二是构建融通发展企业体系，共同打造完整、协同、稳定的数据安全产业链，并鼓励企业在技术创新、产品研发、应用推广、人才培养等方面深化交流合作，促进形成创新链、产业链优势互补，资金链、人才链资源共享的合作共赢关系。三是持续优化产业生态环境，强化数据安全配套政策支持与引导，加快数据安全产业标准体系建设，推动科技成果转移转化，并发展数据安全保险等配套服务，加强数据安全产业政策国际交流合作。

相关知识 什么是数据安全产业园、什么是数据安全创新应用先进示范区？

数据安全产业园是培育数据安全产业创新体系重要载体，也是进行技术攻关、产品研发、试点应用、人才培育和交流合作的基础。建设和发展数据安全产业园可以凝聚产业链上下游相关创新资源，有效促进企业、资本、人才、技术等资源集聚，是国家数字经济体系建设和产业发展能力的重要支撑。

数据安全创新应用先进示范区是指经过遴选，在重要行业领域开展数据安全技术、产品、服务推广应用，且具有覆盖度高、应用效果好、创新性和示范性较强的区域。创新应用先进示范区对于开展数据安全技术转化先行先试，提炼推广优秀实践案例和解决方案，提升行业领域数据安全保护能力和水平具有重要作用。

91 国家如何培育数据安全优质企业？

按照梯度培育的思路，多层次、分阶段、递进式推进数据安全产业主体培育工作。一是鼓励在核心技术研发、关键产品供给、产业链影响力等方面具有“头雁”效应的大型数据安全企业，向产业龙头骨干企业发展；引导中小微企业走“专精特新”发展道路，不断增强内生动力；支持单项产品市场占有率较高的企业逐步发展壮大成为单项冠军企业。二是组织融资路演活动，解决企业融资需求，并支持符合条件的数据安全企业享受软件和集成电路企业、高新技术企业等优惠政策。三是鼓励龙头骨干企业发挥引领作用，带动中小微企业补齐短板、壮大规模、创新模式，形成创新链、产业链优势互补，资金链、人才链资源共享的合作共赢关系。

相关知识　什么是数据安全专精特新“小巨人”企业？

数据安全专精特新“小巨人”企业，是指经工业和信息化部认定的，坚持专业化、精细化、特色化发展，创新能力强的数据安全中小企业，他们作为产业发展的生力军，也是技术产品攻关和培育创新人才的重要力量，在产业发展过程中发挥着重要作用。

在使用手机应用程序过程中，如何保护个人信息安全？

使用手机应用程序（APP）过程中，可以采取以下措施保护个人信息安全：一是定期升级应用程序，提高应用程序的稳定性和安全性。二是减少密码自动保存，用手机使用网上银行、邮箱系统、社交软件等与个人信息密切相关的软件时，尽量不使用自动保存密码功能。三是关闭手机位置信息上传功能，关闭不必要的个人信息收集权限，非必要不授权。四是谨慎扫描二维码，不法分子可能将仿冒网站和恶意程序下载链接通过二维码进行传播，诱骗用户扫码登录钓鱼网站或者下载恶意程序，用户须仔细辨别二维码包含的网址信息，尽量避免点击陌生网站。

《中华人民共和国个人信息保护法》实施一周年：APP合规是个人信息保护监管重中之重

在网络购物与交易过程中如何保护个人信息安全？

保护网络购物与交易过程中的个人信息安全，需要核实购物网站的资质，尽量在较为知名、信誉度高的网上购物平台进行购物，并在购物时综合考虑卖家的信誉、评价等，不要轻信推销广告或随意点击陌生购物链接。通过第三方支付平台进行交易时，要确认支付平台的真实性，并保护好银行账号、密码和身份证号等个人信息。收到包裹后，通过擦除、涂抹等方式去除快递单个人信息。

网络购物时如何避免个人信息泄露

94 如何保护手机终端中的个人信息？

手机已成为承载个人信息最多、最集中的终端载体之一，为保护手机终端中的个人信息安全，可以采取以下措施：一是从正规渠道购买，购买正规厂商生产且经过相关部门检测认证的产品。二是合理设置手机密码，防止陌生人在本人不在场的情况下使用手机，为个人信息“加把锁”。三是在维修等场景下，进行现场监督或者提前删除原有数据。四是及时修复系统漏洞，防范恶意程序。另外，不随意外借手机，不随意点击陌生链接，定时清理手机垃圾等做法，均有助于提升手机终端安全，有效保护个人信息。

95 如何防范未成年人个人信息泄露与滥用?

未成年人个人信息保护意识相对淡薄，加之“触网”年龄越来越低，个人信息保护亟待加强。一方面，未成年人要在平时生活、学习过程中，牢固树立个人信息保护意识，不要随意向他人提供个人信息。另一方面，未成年人的监护人应高度重视未成年人个人信息安全，利用网络进行信息共享时，做到“晒娃”有度，避免泄露未成年人姓名、生日、学校、固定行程、生活习惯等信息，防止被不法分子利用。

守护少年的你：保护未成年人个人信息

96 个人如何对数据安全违法行为进行投诉举报?

为充分发挥公众监督作用，督促数据处理者有效履行数据安全保护义务，《中华人民共和国数据安全法》赋权个人、组织对数据安全违法行为进行投诉、举报。目前，有关主管部门和监管部门已建立电话、网络等多种渠道，受理数据安全违法行为投诉举报。例如，国家安全机关设置12339举报受理电话和举报受理平台，受理危害国家安全的投诉举报；电信领域依托12321网络不良与垃圾信息举报受理中心，试行开展电信和互联网行业数据安全举报投诉处理工作。

如何理解开展数据安全国际合作的意义？

当前，信息技术革命日新月异，数字经济蓬勃发展，深刻改变着人类生产生活方式，对各国经济社会发展、全球治理体系、人类文明进程影响深远，数字经济发展带来数据爆发增长、海量聚集，数据已成为数字经济时代的“石油”，成为各国经济发展和产业革新的动力源泉。

与此同时，侵害个人隐私、对他国大规模网络和数据监控等数据安全风险与日俱增，成为数字经济发展中的突出挑战。个别国家搞“筑墙设垒”“脱钩断链”，妄图将数据安全问题政治化、工具化。同时，各国数据安全治理理念存在分歧，治理能力和管理水平参差不齐，对话沟通和政策协调亟待加强。

全球性问题需要全球性解决之道。习近平总书记在党的二十大报告中强调“构建人类命运共同体是世界各国人民前途所在”。各国虽然国情不同，互联网发展阶段不同，面临的现实挑战不同，但推动数字经济发展的愿望相同，应对数据安全挑战的利益相同，加强全球数字治理的需求相同。开展数据安全领域国际合作，共同推动制定各方普遍参与的全球性数据安全规则，有助于维护全球数据和网络安全，促进全球数据的自由、安全流动，维护全球供应链开放、安全和稳定，推动数字经济健康可持续发展。

国家主席习近平向2022年世界互联网大会乌镇峰会致贺信

98 我国参与全球数据安全治理的基本主张是什么？

2020 年 9 月，中国提出了《全球数据安全倡议》（以下简称《倡议》），为维护全球数据和供应链安全、推动数字经济发展与合作提供了建设性解决方案。

《倡议》基于联合国等多边平台多年来讨论情况

以及各国有益的数据安全治理实践，聚焦各方普遍关注的关键基础设施和个人信息保护、企业境外数据存储和调取、供应链安全等重大数据安全问题，并就政府和企业在数据安全领域行为规范提出建设性的解决思路与方案，为制定数据安全全球规则提供蓝本。

《倡议》强调秉持多边主义，构建普遍参与、平等协商、开放包容、合作共赢的全球数据安全规则；兼顾安全发展，平衡处理技术进步、经济发展与保护国家安全和社会公共利益的关系；坚守公平正义，强调反对数据安全问题政治化，通过对话与合作解决彼此分歧，为企业创造公平待遇，维护消费者获得数字服务的权利。

《倡议》主要内容包括：积极维护全球信息技术产品和服务的供应链开放、安全和稳定；反对利用信息技术破坏他国关键基础设施或窃取重要数据；采取措施防范、制止利用网络侵害个人信息的行为，反对滥用信息技术从事针对他国的大规模监控；不得要求本国企业将境外产生、获取的数据存储在境内；未经他国法律允许不得直接向企业或个人调取位于他国的数据；应通过司法协助渠道或其他相关多双边协议解决跨境调取数据等执法需要；企业不得在产品和服务中设置后门；企业不得利用用户对产品依赖性谋取不正当利益。

中方提出《全球数据安全倡议》

99 我国参与全球数据安全治理的方式有哪些？

积极贡献中国方案。中方秉持开放、包容、互鉴的原则提出《全球数据安全倡议》，为推动制定数据安全全球规则、推进全球数字治理作出积极努力。2021 年 3 月，中国同阿拉伯国家联盟发表了《中阿数据安全合作倡议》。2022 年 6 月，中国同中亚五国达成了《“中国 + 中亚五国”数据安全合作倡议》。

深化拓展数字伙伴关系。中方加强与其他国家双边网络与数据安全对话与合作，深化数字领域政策标准理念对接，中方同共建“一带一路”国家积极推进“数字丝绸之路”建设，同有关国家共同发起了《“一带一路”数字经济国际合作倡议》，并于2019年4月第二届“一带一路”国际合作高峰论坛期间，成功举办“数字丝绸之路”分论坛。

参与相关国际规则制定。积极参与联合国、二十国集团（G20）、亚太经合组织、金砖国家、上海合作组织、东盟地区论坛等框架下数据安全问题的讨论。在中国推动下，联合国信息安全开放式工作组和政府专家组报告均就数据安全提出建议，新一轮联合国信息安全开放式工作组也将数据安全列入议程。中国提出《二十国集团数字创新合作行动计划》等倡议，激发数字经济潜力，促进经济增长，推动包容性规则制定，营造开放、包容、公平、公正、非歧视的数字经济发展环境。

相关知识 《“一带一路”数字经济国际合作倡议》与“数字丝绸之路”

为拓展数字经济领域的合作，2017年12月3日，在第四届世界互联网大会上，中国、老挝、沙特、塞尔维亚、泰国、土耳其、阿联酋等国家相关部门共同发起《“一带一路”数字经济国际合作倡议》（以下简称《倡议》）。《倡议》指出，数字经济是全球经济增长日益重要的驱动力，作为支持“一带一路”倡议的相关国家，各国将本着互联互通、创新发展、开放合作、和谐包容、互利共赢的原则，探讨共同利用数字机遇、应对挑战，通过加强政策沟通、设施联通、贸易畅通、资金融通和民心相通，致力于实现互联互通的“数字丝绸之路”，打造互利共赢的“利益共同体”和共同发展繁荣的“命运共同体”。《倡议》提出了15个方面的合作意向，主要包括扩大宽带接入，提高宽带质量；促进数字化转型；促进电子商务合作；支持互联网创业创新；促进中小微企业发展；加强数字化技能培训；促进信息通信技术领域的投资；推动城市间的数字经济合作；提高数字包容性；鼓励培育透明的数字经济政策；推进国际标准化合作；增强信心和信任；鼓励促进合作并尊重自主发展道路；鼓励共建和平、安全、开放、合作、有序的网络空间；鼓励建立多层次交流机制。自《倡议》发起至今，“数字丝绸之路”已经成为我国对外开展数字合作的重要渠道，未来将进一步走深走实，为我国构建多层次对外数字合作伙伴关系提供助力。

习近平主席出席二十国集团巴厘岛峰会，就数字转型议题作专题发言

阿拉伯国家成为首个与中国共同发表数据安全倡议的地区

“中国＋中亚五国”外长第三次会晤达成一系列成果和共识

如何理解构建“网络空间命运共同体”与促进数据安全国际合作的关系？

面对全球网络空间的新形势新挑战，习近平总书记以胸怀天下的领袖风范，站在确保网络空间向和平、安全、开放、合作方向发展的战略高度，明确提出了构建网络空间命运共同体的理念，为网络空间的未来擘画了美好愿景，指明了发展方向。实践证明，构建网络空间命运共同体已成为国际社会的广泛共识和积极行动，不断彰显造福人类、影响世界、引领未来的强大力量。

促进数据安全国际合作是构建网络空间命运共同体的必然要求。随着新一轮科技革命和产业变革向纵深演进，数据日益成为实现创新发展、重塑人们生活的重要力量。世界各国互联互通、利益交融，大量数据频繁跨境流动，数据安全成为构建网络空间命运共同体的应有之义。在此背景下各国应加强沟通、建立互信、密切协调、深化合作，努力走出一条互信共治的数据安全合作之路，让网络空间命运共同体更具生机活力。

构建网络空间命运共同体为促进数据安全国际合作提供了行动指南。随着数据对各国经济社会发展的放大、叠加、倍增作用凸显，数据安全日益成为各方关注的全球性挑战，亟需各方从构建网络空间命运共同体出发，共商应对风险之策，共谋安全治理之道。国际社会应本着相互尊重、互谅互让的精神，促进数据安全国际合作，共同化解数据安全风险挑战。

相关知识 世界互联网大会国际组织与网络空间命运共同体

2020 年 11 月 18 日，世界互联网大会组委会发布《携手构建网络空间命运共同体行动倡议》，呼吁各国政府、国际组织、互联网企业、技术社群、社会组织和公民个人坚持共商共建共享的全球治理观，秉持“发展共同推进、安全共同维护、治理共同参与、成果共同分享”的理念，把网络空间建设成为造福全人类的发展共同体、安全共同体、责任共同体、利益共同体。行动倡议共20项，包括四方面内容：采取更加积极、包容、协调、普惠的政策，加快全球信息基础设施建设，推动数字经济创新发展，提升公共服务水平；倡导开放合作的网络安全理念，坚持安全与发展并重，共同维护网络空间和平与安全；坚持多边参与、多方参与，加强对话协商，推动构建更加公正合理的全球互联网治理体系；坚持以人为本、科技向善，缩小数字鸿沟，实现共同繁荣。2022年7月，世界互联网大会在北京正式成立。习近平主席对此高度重视，专门发来贺信，指出成立世界互联网大会国际组织，是顺应信息化时代发展潮流、深化网络空间国际交流合作的重要举措。该组织作为以我国为东道国的新兴国际组织，将有力推动国际社会顺应数字化、网络化、智能化趋势，共迎安全挑战，共谋发展福祉，携手构建网络空间命运共同体。

2022 年 7 月 12 日，世界互联网大会成立大会在北京召开

《携手构建网络空间命运共同体》白皮书发布

视频索引

后　记

随着数据跃升为新型生产要素和基础性战略资源，数据安全已成为国家安全的重要组成部分，也是护航数字经济发展的基础保障。党中央高度重视数据安全工作，强调必须坚持总体国家安全观，统筹发展和安全，强化数据安全保障体系建设，提高国家数据安全保障能力。为全面贯彻党中央加强国家安全教育的部署要求，增强数据安全领域全民国家安全意识，国家数据安全工作协调机制组织编写了本书。

在调研、编写、出版过程中，人民出版社给予了大力支持，中国信息通信研究院的余晓晖、魏亮、谢玮、辛勇飞、魏薇、张春飞、张媛媛、庞妹、彭志艺、谢俐倞、李晓伟、胡昌军、陈诗洋、王远桂、张昊星、沈怡欣、关伟东、王娟娟、何波、郑安琪、李侃、吴诗雨提供了技术支持和帮助。在此一并表示衷心感谢。

书中如有疏漏和不足之处，还请广大读者提出宝贵意见。

编　者

2023 年 4 月

责任编辑：刘松弢　池　溢　谭依依
装帧设计：周方亚
责任校对：白　玥

图书在版编目（CIP）数据

国家数据安全知识百问 / 《国家数据安全知识百问》编写组著 . —
北京：人民出版社，2023.4
ISBN 978 – 7 – 01 – 025584 – 2

I. ①国…　II. ①国…　III. ①数据管理 – 安全管理 – 问题解答
IV. ① TP309.3-44

中国国家版本馆 CIP 数据核字（2023）第 058470 号

国家数据安全知识百问
GUOJIA SHUJU ANQUAN ZHISHI BAIWEN

本书编写组

人民出版社 出版发行
（100706　北京市东城区隆福寺街 99 号）

中煤（北京）印务有限公司印刷　新华书店经销

2023 年 4 月第 1 版　2023 年 4 月北京第 1 次印刷
开本：880 毫米 ×1230 毫米 1/32　印张：4.875
字数：72 千字

ISBN 978 – 7 – 01 – 025584 – 2　定价：24.00 元

邮购地址 100706　北京市东城区隆福寺街 99 号
人民东方图书销售中心　电话（010）65250042　65289539